AF586559

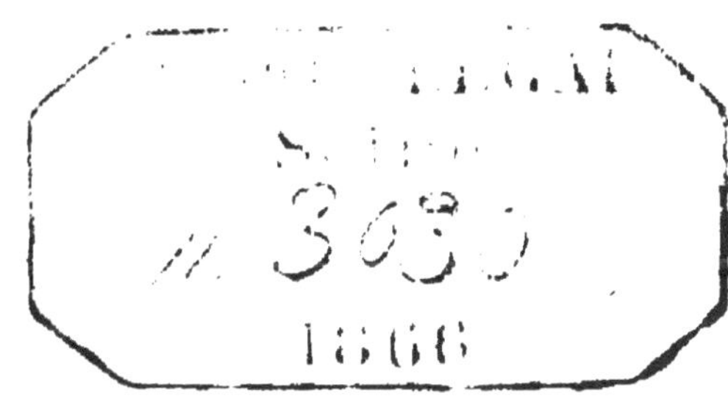

LA PETITE
ARCHE DE NOÉ

Voyant que la malice des hommes se multipliait, Dieu dit : J'amenerai sur la terre les eaux du ciel pour détruire toutes choses.

LA PETITE
ARCHE DE NOÉ

ALBUM

DES PETITS ENFANTS

PARIS
AMÉDÉE BÉDELET, ÉDITEUR
14, RUE SÉGUIER

PARIS. — IMP. SIMON RAÇON ET COMP., RUE D'ERFURTH, 1

Fais-toi une arche de bois de Cèdre.

Je ferai pleuvoir sur la terre pendant quarante jours et quarante nuits.

Tout ce qui est sur la terre mourra.

LES DESCENDANTS DE

CHAM JAPHET SEM

LA COLOMBE

LE CORBEAU

CHIEN

CHAT

CHEVAL

BŒUF

ANE

MOUTON

CHÈVRE

COCHON

LION

LOUP

LÉOPARD

TIGRE

HYÈNE

RENARD

OURS NOIR

OURS BLANC

ÉLÉPHANT

ANTILOPE

RHINOCÉROS

HIPPOPOTAME

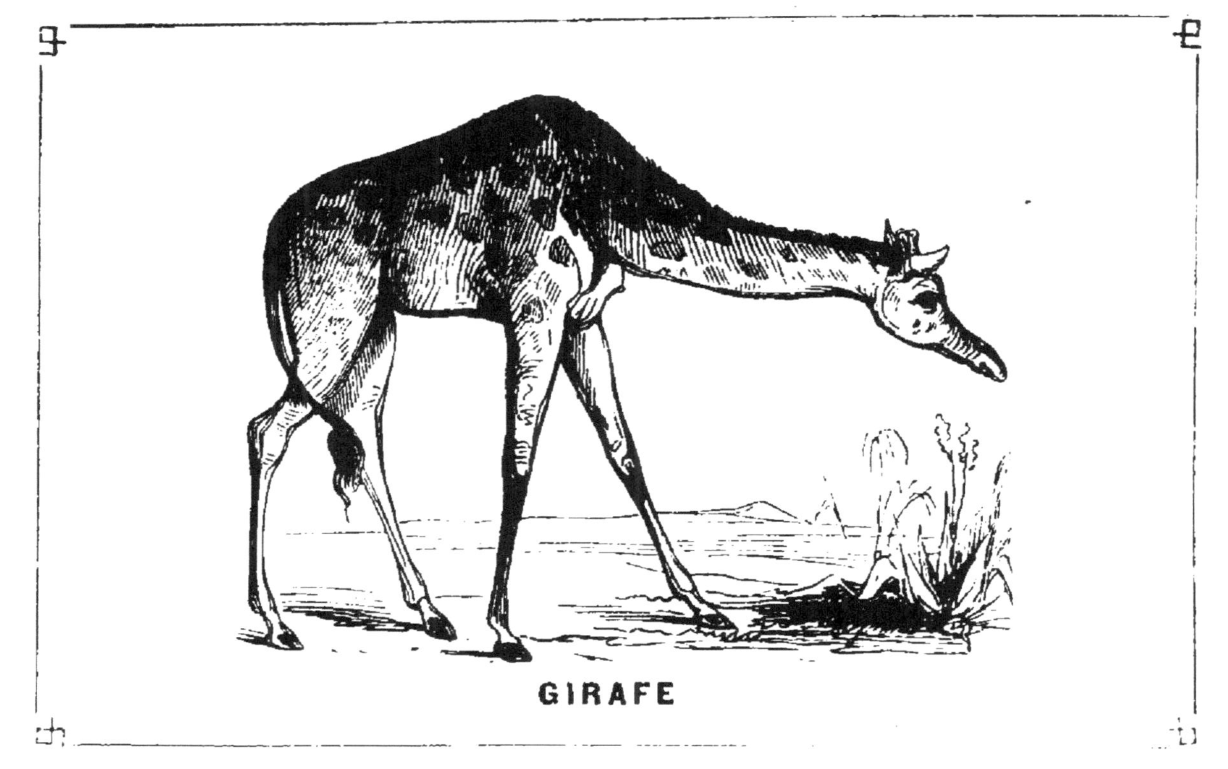

GIRAFE

GAZELLE

ZÈBRE

RENNE

LAMA

NIGAULT

CERF

BOUQUETIN

SINGE

KANGUROO

ÉCUREUIL

RAT

LIÈVRE

CIGOGNE

AUTRUCHE

VAUTOUR

AIGLE

POULE

COQ

PAON

CANARD

HIRONDELLE

PERDRIX

SERPENT

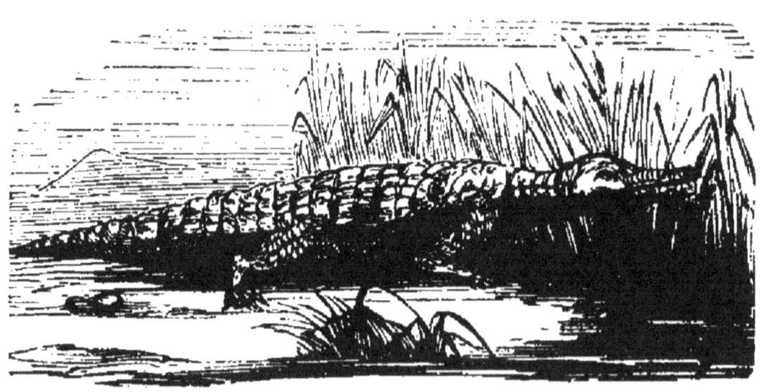

CROCODILE

LÉZARD

PHOQUE

POISSONS

ABEILLES

PAPILLON — CHENILLE

www.ingramcontent.com/pod-product-compliance
Lightning Source LLC
LaVergne TN
LVHW012014160826
845678LV00002B/836
9782329662022